Collection Rolf Heyne

Titel der französischen Originalausgabe: Chats
Ins Deutsche übertragen von Orith Tempelman

Die Originalausgabe erschien 2000 bei Éditions du Chêne, Paris

Umschlaggestaltung: Hauptmann und Kampa Werbeagentur, CH-Zug
Herstellung: Karlheinz Rau
Satz: DTP-Service, Puchheim
Lithographie: Euresys, Baisieux
Druck und Bindung: C & C Offset Printing Co., Ltd. (Hongkong)

Printed in Hong Kong

ISBN 3-453-18643-5

Yann Arthus-Bertrand

Katzen

Text von Danièle Laruelle
Beratung von Sabine Paquin (Internationale Katzenjurorin)

Collection Rolf Heyne
München

VORHERGEHENDE DOPPELSEITE: *Gitane Nid'Amour, Exotisch Kurzhaar Blau Silber Tabby, von Herrn und Frau Sfez-Zon.*

OBEN UND RECHTS: *Trust of New World's Way Good-Love, Exotisch Kurzhaar Schildpatt Silber Tabby Gestromt, von Herrn und Frau Sfez-Zon.*

Cake Bread Drambuie, Exotisch Kurzhaar Blau Tabby Getigert, von Herrn und Frau Sfez-Zon, fotografiert von Alain de Lavalade.

LETZE BLICKE

> *»Und Goldsplitter*
> *wie frischer Sand zeichnen*
> *unbestimmte Sterne in*
> *ihren mystischen Pupillen.«*
> CHARLES BAUDELAIRE

Faszination der Katzenaugen, die nie blinzeln, die anziehen und beunruhigen, deren Pupille sich zu einer senkrechten Spalte zusammenzieht oder sich ungeheuer erweitert und die farbige Iris verschlingt. Wenn die Betrachtung der Katze eine ästhetische Erfahrung ist, so gehört das Eintauchen in ihren Blick ins Reich der Philosophie. Doch auch der passionierteste Katzenliebhaber wird einem unbestimmten Angstgefühl, vermischt mit Respekt, nicht entgehen können. Ist diese Verunsicherung bloß eine dieser kätzischen Teufeleien? Zweifellos, denn wenn die Augen die Spiegel der Seele sind, widerspiegeln jene der Katze nichts außer einem stetigen Blick, unergründlich und bar jeder Rührung. Doch dieses Auge ist nicht leer: es öffnet sich auf ein Jenseits, auf eine undurchsichtige Gegenwart. In den Blick einer Katze eintauchen bedeutet, dem eigensinnigen Anderen in seiner brutalsten Form zu begegnen, und man muss schon ein Weiser sein, um diese Prüfung mit Gelassenheit zu bestehen. Durch das Auge dringen wir ins Zentrum des angeblichen »Geheimnisses der Katze« ein. Die Hausmieze, die man soeben gescholten hat, weil sie einmal mehr ihre Krallen am Sofa geschärft hat, nimmt eine schuldbewußte Haltung ein. In ihren Augen findet sich jedoch nicht der Schatten eines Gewissensbisses. Wenn sie sich Zärtlichkeiten hingibt, schenkt sie keine verliebten Blicke: ihr ganzer Körper drückt ihre Lust aus, aber das Auge bleibt gleichgültig; eine Pfote wird ausgestreckt, die krallenbewehrten Zehen spreizen sich voller Wonne; die Katze dehnt

RECHTS: Grisella Van Kievietsdel, Britisch Blau, von Els Franssen.

sich, spricht durch ihre Gebärden. Ob sie auf der Lauer liegt oder tötet, ob sie sich an der Sonne wärmt oder den Kühlschrank zum magischen Zeitpunkt des Essens beobachtet, ob sie in diebischer Absicht auf ihren Teller schielt oder sich ihrer Körperpflege widmet – immer wirft die Katze auf ihre Umwelt einen objektiven Blick, der sich damit begnügt, zu sehen. Nur der Winkel ihres Kopfes, ihrer Ohren, ihrer Schnurrhaare, die Muskelspannung ihres Halses, Rückens oder Schwanzes verraten die Intensität ihrer Konzentration. Um die Katze zu verstehen, muss man ihren Körper lesen können: wie die vollkommene Zen-Seele ist ihr Auge ein Spiegel, der nichts widerspiegelt.

Zen die Katze? Mag sein. Einer buddhistischen Legende zufolge sollen, von all den Tieren, die sich beim Tode Buddhas versammelten, nur zwei ein trockenes Auge behalten haben: die Katze und die Schlange. Da tauchte eine Maus auf und fing an, das Öl der Totenlampe aufzulecken. Die Katze sprang auf und fraß sie. So entstanden zwei Denkrichtungen. Die eine schalt sie niederträchtig, gefühllos und mörderisch; die andere lobte sie als Weise, die befreit ist von der illusorischen Welt der Gefühle. So zeichnet diese Legende ein doppeltes Bild von der Katze; sie ist Engel oder Dämon, je nachdem, ob man sie liebt oder nicht, ob ihr Anderssein uns gefällt oder stört.

Die Katze aber geht weiter auf ihrem Weg, mit hochgerecktem Schwanz und wachsamen Ohren, während der Mensch Symbole verteilt. Was kümmert sie all dies? Sie ist die Katze ... und man muss schon ein Mensch sein, um sich für solche Dinge zu interessieren.

OBEN: Hollywood Chewing gum de cour St-Éloi, American Curl Rot und Weiß, von Florence Prescott. RECHTS: Kätzchen von Gulka de la Lucière, Türkisch Van Weiß und Kastanienrot, von Maryse Mayoux.

INHALT

ES WAR EINMAL ... DIE KATZE 7
KURZHAARKATZEN 12
HALBLANGHAARKATZEN 176
SIAMESEN UND ORIENTALEN 250
PERSER UND EXOTISCH KURZHAAR 286
LETZTE BLICKE 374

REGISTER

Abessinier 158/175
Ägyptische Mau 108/113
American Curl 82/89, 376
Amerikanisch Kurzhaar 78/81
Balinese 240/243
Bengalkatze 5, 6, 114/123
Bombay 102/107
Britisch Blau 374
Britisch Kurzhaar 22/29
Burma 90/93, 97
Burmilla 97, 98/101
California Spangled 13, 138/148
Cornish Rex 48/55, 381
Cymric 186/187, 190/191
Devon Rex 40/47, 52/53
Europäisch Kurzhaar 56/67, 173
Exotisch Kurzhaar 354/373
Heilige Birma 230/239
Highland Fold 189
Japanese Bobtail 74/77
Kartäuser 154/157
Korat 14/17
Maine Coon 204/213
Mandarin 244/249
Manx 143/149
Norwegische Waldkatze 10, 192/199
Ocicat 128/137
Orientale 266/285
Perser 287/353
Ragdoll 176/177, 224/229
Russisch Blau 8, 18/21
Schottische Katze 188/191
Scottish Fold 150/153
Selkirk Rex 30/39
Siamese 250/285
Sibirische Waldkatze 200/203
Singapura 122/127
Somali 10/11, 178/185
Sphinx 68/73
Straßen Katzen 140/142
Tonkanese 94/95
Türkische Katzen 214/223, 377

VORHERGEHENDE DOPPELSEITE: *Katzen im Tierheim »Logis de Boncé«, fotografiert mit Thérèse Arnac.* RECHTS: *Héloïse de Cléomont, Cornish Rex Schwarz Smoke und Weiß, von Jean-Pierre Filippi.* FOLGENDE DOPPELSEITE: *Bengal's hill's Hearty, Bengalkatze Chocolate Tabby Getupft, von Herrn und Frau Sfez-Zon.*

Danksagung

Dieses Buch ist allen Katzenliebhabern gewidmet,
die mit ihrer Katze in mein Atelier gekommen sind –
auch denjenigen, die in diesem Buch nicht abgebildet sind.
Meinen Dank möchte ich besonders Christiane Paillard,
Nicole Godier und Jacqueline und André Jocquel aussprechen.

Mein herzlichster Dank geht auch an meine zwei Assistenten:
Françoise Jacquot, die sich um den Terminplan gekümmert hat,
und Marc Lavaud, der für die Beleuchtung zuständig war.
Vielen Dank auch an Jean-Philippe Piter für seine Anregungen
und an das gesamte Sotexi Team, vor allem Giselle Nicot.

Die Fotografien werden direkt von
Yann Arthus-Bertrand vertrieben
Fax : 33(1) 34 86 76 46

Es war einmal ... die Katze

So spricht die Katze aus Rudyard Kiplings Märchen zu der Höhlenfrau, die dank ihrer Magie einige Waldtiere – Hund, Pferd und Kuh – in den Dienst des Menschen gestellt hat. Die Katze hat sich wohl gehütet, sich auf diese Weise verzaubern zu lassen; sie hat aus freien Stücken entschieden, einen Platz beim Feuer zu beanspruchen, und wird diese Gunst von der Frau eher durch Verführungskunst als durch List erhalten, indem sie das Kleinkind zerstreut und die schreckliche Maus auffrisst. Dieses scheinbar banale Märchen, das für Kinder geschrieben wurde, erfasst das Wesen der Katze in ihrer Realität und ihrer Mythologie. Der kleine, einschmeichelnde und sanft schnurrende Haustiger verwandelt sich in der Natur zurück zum gefährlichen Raubtier, ja zum sadistischen Killer, sogar wenn er gut genährt ist. Er bleibt »die Katze, die auf den nassen Pfaden der wilden Wälder wandelt, mit peitschendem Schwanz und ganz für sich allein«. Es wurde auch schon vermutet, dass es eher die Katze war, die den Menschen zähmte ... Oder zumindest den weiblichen Menschen, wie im Märchen, denn quer durch alle Zeiten und alle Kulturen findet sie sich immer im Zusammenhang mit der Weiblichkeit. Von der Frau zum Dämonen ist es nur ein kleiner Schritt, insbesondere nach dem berühmten Abenteuer der Schlange im Garten Eden. Kipling war sich dessen wohl bewusst, als er seine Höhlenfrau als freundliche Hexe erscheinen ließ und ihre Katze als die würdige Nachfolgerin Luzi-

»Ich bin keine Freundin und ich bin keine Dienerin. Ich bin die Katze, die ihre eigenen Wege geht, und ich wünsche, in Ihre Höhle einzutreten.«

Vorhergehende und linke Seite: *Bengal's hill's Hearty, Bengalkatze Chocolate Tabby Getupft, von Herrn und Frau Sfez-Zon.*

fers, des gefallenen Engels, dessen Stolz ihm nicht erlaubte, zu dienen. Dieser schlechte Umgang sollte der armen Katze im Abendland die schlimmsten Scherereien einbrocken. Verehrt, vergöttlicht, ja sogar einbalsamiert im alten Ägypten der Pharaonen, von den Römern als Beschützerin des Heims und der Kindheit erkoren, wurde *Felis cattus* im Mittelalter verdammt und auf dem Scheiterhaufen der Hexen als Ritualopfer verbrannt oder, öfter noch, gefoltert. Dieser traurige Zustand dauerte in manchen Gegenden bis zu Beginn des 19. Jahrhunderts, ohne jedoch dem stetigen Aufschwung »Ihrer Majestät«, der Katze, Einhalt zu gebieten. Als Mäusejägerin und Rattenfängerin schützte sie die Getreidespeicher und Lebensmittelvorräte und leistete ihren Beitrag zum Rückgang der Pest. Ihre Anmut ließ sie bald zum Schmuckstück der Salons werden und trug ihr die Bewunderung von mächtigen Leuten ein, z.B. Richelieu, der für einiges Aufsehen sorgte, als er einen Teil seines Vermögens seinen vierzehn Katzen vermachte. Sie hielt auf Samtpfoten Einzug in die Literatur des 16. und 17. Jahrhunderts, wurde sie doch von Schriftstellern der Romantik gerade ihrer »schwarzen Seele« wegen, die zu ihrer mittelalterlichen Verdammung geführt hatte, adoptiert. So wurde sie auf zur Lieblingsgefährtin der »Poètes maudits« (»Verfemten Dichter«), bevor sie auch Einzug in die Bücher der übrigen Schreibzunft hielt und ihr Werk behütete, wie damals die geheimen Zauberbücher der Alchemisten. Dieser kurze Blick auf die Abenteuer der Katze im Abendland zeigt die Ambivalenz der menschlichen Gefühle einem Tier gegenüber, das ge-

Sascha de Nydow, Russisch Blau, von Herrn und Frau Mühlheim.

heimnisvoll geblieben ist – und der Mensch misstraut dem, was ihm unbegreiflich ist.

Zwei Seiten, zu denen der Tiger des Londoner Zoos Paul Valéry inspirierte, erlauben uns, dem Kern der Sache näher zu kommen: »Diese unergründliche Tierpersönlichkeit verleitet mich zum Träumen. Voller Naivität versuche ich, auf diesem noblen Antlitz menschliche Gefühle zu lesen. Mir gefällt der Ausdruck von verschlossener Überlegenheit, von Kraft und Abwesenheit ... Welche Fülle, welche Ich-Bezogenheit, welch souveräne Absonderung! Alles, was seinen Wert ausmacht, ist mit ihm und in ihm. Dieses Wesen erinnert mich irgendwie an ein großes Imperium.« Dieselben Überlegungen könnten sich auch auf die Katze beziehen, diese entfernte und winzige Verwandte des großen Khans unter den Katzenartigen. Was den Tiger so herrlich hoheitsvoll macht, ist bei der Katze bloße Selbstherrlichkeit und fehlgeleiteter Stolz. Wegen ihrer geringen Größe ist sie nicht auf der Höhe ihrer Ambitionen, zumindest in den Augen des Menschen, der sich das Pferd und den Hund untertan gemacht hat. Für das Christentum, das zu Beginn des Mittelalters versucht, seine Eroberungen zu konsolidieren, wird das Reich der Katze bald dasjenige des Bösen. Und wenn sie in ihrem Wesen etwas Teuflisches birgt, wird sie, mit ihrer lautstarken Liebeswerbung und Lust am Gestreicheltwerden, wahrhaft dämonisch. Und dann waren da diese Frauen, die sich nachts Liebesabenteuern hingaben und angeblich in Katzengestalt zum Hexensabbat begaben, das heißt zu Sexualorgien. Wurden sie gefangen, verbrannte man diese Hexen zu-

Geisha de la Lumière Cendrée, Perser Golden Schattiert, von Herrn und Frau Bonnin.

sammen mit irgend einer unschuldigen Katze. Verbrannt wurden aber auch jene weisen Frauen, die das Wissen um geheime Rezepte sowie unheimliche Kräfte besaßen, denen der Geruch des Heidentums anhaftete. Und zusammen mit ihnen immer die Katze, diese Gefährtin der Armen, die für ihre Bedürfnisse selber aufkommt.

Durch diese spektakulären Aktionen sicherte die Kirche ihre Macht und stempelte die Katze zum Sündenbock.

Unter der Herrschaft Ludwig XV., der Perserkatzen liebte, hellte im 18. Jahrhundert die Aufklärung das dunkle Kapitel dieser blutigen Geschichte auf, dank François Augustin Paradis de Moncrif, einem dem König nahestehenden Edelmann und Katzenfreund. Seine *Histoire des Chats* von 1727, die erste Geschichte der Katze, brachte ihm Ruhm und den charmanten Spitznamen «Mongriffe» (griffe = Kralle) ein. In jenem Jahrhundert, wo die Vernunft triumphierte, konnten feine Damen bei der bloßen Sicht eines Katers in Ohnmacht fallen, während andere die Gesellschaft der Katze suchten, ihnen Verse widmeten, ihnen Grabmäler errichteten. In seiner *Histoire naturelle* zeichnete Buffon von der Katze ein verabscheuungswürdiges Bild, in dem die wissenschaftliche Objektivität ein für allemal verloren ging. Rund dreißig Jahre früher hatte Moncrif in entgegengesetzter Richtung übertrieben, und wenn einige Seiten seines Buches heute belächelt werden, lehrt es uns durch Gedichte, gescheite Zitate und Sprichwörter, dass die Katze längst überall in der Gesellschaft zu Hause ist, dass sie zwar nicht nur Freunde hat, aber so respektable wie

Hanske de la Cachouteba, Norwegische Waldkatze Blau Tabby und Weiß, von Christine Pochez.

Montaigne oder Du Bellay zu ihnen zählen konnte. Und da fragt man sich, wie *Felis cattus* das Massaker überlebte, von dem uns immer wieder erzählt wird, als wollte man uns zwingen, einen Fehler zu sühnen. Die wahre Geschichte der Katze wartet noch immer darauf, geschrieben zu werden, und sie wird vermutlich genau so lautlos bleiben wie die Schritte ihrer Heldin auf dem Sand.

Die Katze mit ihren sprichwörtlichen neun Leben – eins mehr oder weniger, das spielt für sie keine große Rolle – ist gleichgültig gegenüber ihrer Vergangenheit und sorglos gegenüber ihrer Zukunft. Allen Verfolgungen zum Trotz hat sie sich vermehrt und mit Hilfe diskreter Freunde und Importe sogar diversifiziert.

Ende des 19. Jahrhunderts rief sie eine solche Begeisterung hervor, dass man erste Katzenausstellungen durchzuführen begann. Verbände fingen an, Rassestandards aufzustellen, und bemühten sich, die einzelnen Rassen durch Zuchtauswahl zu stabilisieren. Damit begann die Epoche der Champion-Katzen, einer Aristokratien, in deren Gesellschaft wir durch dieses Buch reisen werden. Durch Fotos und Texte wollen wir die verschiedenen Aspekte der Katze entdecken, ihre Beziehungen zum Menschen durch alle Zeiten und Orte, Legenden und Künste. Katzenporträts, Porträts von denen, die sie lieben. Was sich liebt, tut sich zusammen, und man muss selbst schon etwas Kätzisches haben, um sich in ihrer Gesellschaft wohlzufühlen. Wenn Sie das Wesen der Katze erfassen wollen, tauchen Sie doch ins Herz des Buches ein – und seien Sie auf einiges gefasst ...

Filomène des Fauves et Or, Somali Blau, von Christine Le Renard.

Kurzhaar-Katzen

Korat

Die Korat stammt aus Thailand. Sie ist mittelgroß, hat einen gewölbten Rücken, der einen Eindruck von Kraft, jedoch nicht von Gewicht gibt. Der Schwanz und die Beine mit den ovalen Pfoten müssen dem Körper entsprechend proportioniert sein. Das glänzende und feine, dicht anliegende, einheitlich silberblaue Fell hat einen Silberschein, der von den Haarspitzen ausgeht. Nasenspiegel und Pfotenballen sind dunkelblau bis lavendel. Von vorne gesehen ist der Kopf herzförmig. Die Erhöhungen der Augenbrauen ergeben die oberen Kurven der Herzform. Das Profil ist gut proportioniert mit leichtem Stopp zwischen Stirn und Nase. Das gut entwickelte Kinn darf keinen Pinch (Eindruck von hohlen Wangen) aufweisen und auch nicht zugespitzt sein. Die großen Ohren mit leicht gerundeter Spitze und breitem Ansatz sind hoch gesetzt und auf der Außenseite sehr kurz

Vorhergehende Seite: *Carragato Lassik, California Spangled Golden, von Frau Tatti.*

und dicht behaart. Die runden, weit geöffneten Augen sind vorzugsweise leuchtend grün, aber bernsteinfarbene sind auch erlaubt. 1959 importierte eine amerikanische Züchterin, die aus Thailand ein Koratpärchen als Geschenk erhalten hatte, weitere Katzen, um im Westen eine Zucht aufzubauen. Dank ihrem Stammbaum kann die Abstammung der diversen Zuchtlinien bis zu ihrem Ursprungsland zurückverfolgt werden, wo die Existenz dieser angeblich glücksbringenden Katze in Manuskripten und Zeichnungen (von 1350 bis 1767) dokumentiert wird, die in der Bibliothek von Bangkok aufbewahrt werden. Es darf angenommen werden, dass diese Rasse praktisch rein zu uns gelangt ist, auch wenn die Beschreibungen, manchmal äußerst fantasievoll sind. »Die Haarwurzeln weisen die Farbe der Wolken auf, die Spitzen sind reines Silber und die Augen glitzern wie Tautropfen auf einem Lotusblatt.«

VORHERGEHENDE UND RECHTE SEITE: Die drei Korat Ejalma d'Osiria de Passaya de Yun Agor, Fyindee de Yun Agor d'Orfeny und Grawal I. de Yun Agor d'Orfeny gehören Claudine Dotte.

Die Russisch Blau ist mittelgroß, mit einem langgestreckten Körper und von graziösem Wuchs, mit hohen, feinen Beinen und schmalen ovalen Pfoten, langem eleganten Hals und einem ziemlich langen und spitz zulaufenden Schwanz. Sie unterscheidet sich außerdem von den anderen blauen Katzen durch ein doppeltes Fell mit einem deutlichen Silberschimmer. Das kurze und dichte, sehr feine, seidige und weiche Fell steht plüschartig auf, im Gegensatz zu dem der Karat, das anliegend sein muss. Der Kopf ist kurz und keilförmig, der Schädel lang und flach, die Nase gerade, das Profil formt einen leichten Winkel nach den Augen (konvex), der Schnittpunkt liegt in gleicher Höhe wie die Augenbrauen. Die Ohren sind groß und ziemlich zugespitzt; ihre Haut ist dünn und durchsichtig, ihre Innenseite ganz wenig behaart. Diese Katze mit dem schönen grünen Blick unterscheidet sich außerdem von der Karat durch die mandelförmigen Augen. Runde Augen gelten bei der Russisch Blau als schlimmer Fehler, so wie ein ge-

drungener Körperbau oder ein Siamesentyp. Man kennt sie auch unter der Bezeichnung »Archangel«, »Spanisch-Blau« oder »Malteserkatze«. Sie wurde in England Mitte des vergangenen Jahrhunderts von Seeleuten aus Russland importiert, aber wie bei vielen anderen Katzen bleibt ihre genaue Herkunft im Dunkeln, obwohl man heute vermutet, dass sie aus nördlichen Gegenden stammt. Während des Zweiten Weltkriegs starb die Rasse nahezu aus; um sie zu retten, kreuzten Züchter sie mit British Blues und Siamesen, was ihr fast zum Verhängnis wurde. Neben morphologischen Veränderungen wiesen die Nachkommen nicht mehr das charakteristische Doppelfell auf. In den 60er Jahren gelang es, dank vereinten Bemühungen, den Originaltyp wieder zu finden und zu fixieren. Unter den berühmten Vertretern dieser Rasse figuriert der hochnoble Vashka, Gefährte von Zar Nikolaus I. von Russland (1825–1855).

Rechte und vorhergehende Seite: Die Russisch Blauen Sascha de Nydow und Saskia de Nydow gehören Herrn und Frau Mühlheim.

»Unsere Erziehung sollten wir uns auf der Straße holen«, schrieb Moncrif 1727 in seiner *Histoire des Chats*. Im letzten Jahrhundert suchte und fand der Maler Harrison Weir seine Katzen in den Straßen Ihrer britischen Majestät, um sie zu züchten und auszustellen. Dadurch wurde der gemeine Straßenkater unter dem Namen British Shorthair salonfähig. Diese stark kolonialistisch geprägte Bezeichnung bezog sich damals auf alle kontinentalen Hauskatzen, was eine gewisse Verwirrung stiftete, bis gezielte Zuchtprogramme erlaubten, aufgrund der morphologischen Unterschiede für die Britische und die Europäische Kurzhaar präzise Standards aufzustellen. Heute noch bleibt die Britisch Kurzhaar Blau von ihren wenig aristokratischen Ahnen rustikal angehaucht. Es handelt sich um eine mittelgroße, gedrungene und muskulöse Katze mit breiten Schultern, kurzen stämmigen Beinen, einer breiten und abgerundeten Brust. Der relativ kurze, an der Basis breite Schwanz ist so lang wie zwei Drittel des Körpers. Der nicht zu kurze Kopf und die

Schnauze sind rund. Die ebenfalls runden Augen sind immer orangefarben, goldgelb oder kupferfarben mit breitem Abstand und unterstreichen die Breite der Nase, die eine leichte Einbuchtung aufweist; die Stirn sieht, wegen des sehr dichten Fells, gewölbt aus. Die Ohren sind ebenfalls abgerundet, ziemlich klein und breit an der Basis. Das kurze und dichte Fell lädt zum Streicheln ein. Mit ihrem schönen, naiven Gesicht scheint die Britisch Kurzhaar Blau direkt einem Bilderbuch entstiegen; sie gleicht einem lebendigen Plüschtier.

Vorhergehende und rechte Seite:
Vincent van Lady's Home, Whoopy van Lady's Home und Grisella van Kievietsdel, Britisch Kurzhaar Blau. Sie gehören Els. H. Franssen van der Meer.

OBEN UND RECHTS: *Avram Van Diaspora, Britisch Kurzhaar Lilac. Er gehört Béatrice Passin.*

OBEN: *Gimini Silver du Rio d'Erclin, Britisch Kurzhaar Silver Tabby Gestromt, von Herrn und Frau Vallez.*

RECHTS: *Aldo de la Chezine, Britisch Kurzhaar Crème, von Herrn und Frau Martaud.*

Selkirk Rex

Guten Tag – ich bin die Selkirk Rex. Man nennt mich auch das »Lämmchen«, obwohl ich den Namen einer Kaninchenart trage. Manchmal hüpfe ich auch wie ein Kaninchen. Was dieser pflanzenfressende Rex einerseits und ich und meine Vettern aus Cornwall und Devon andererseits gemeinsam haben, ist das lockige Fell – zweifellos eine Seltenheit. Ansonsten gleichen wir einander kaum. Meine englischen Cousins und ich haben jedoch etwas Gemeinsames: Wir traten gleichzeitig in Würfen normaler Kätzchen auf, als spontane Mutationen. Die Züchter fanden uns so hübsch, dass sie beschlossen, »die Rasse festzulegen«. Ich bin die Letztgeborene der Rex. Meine Urahnin, Miss Pesto, Tochter einer banalen amerikanischen Mutter und eines unbekannten Vaters, kam 1987 in Wyoming zur Welt. Sie wurde von Mrs. Newman adoptiert, einer Perserzüchterin aus

RECHTS UND NÄCHSTE DOPPELSEITE: *Halvane du Parc, Selkirk Rex Weiß, von Herrn und Frau Courdille.*

Montana, und pflegte ab sofort anderen Umgang. Ihr erster Gatte, ein schwarzer Perser mit Namen Photo Finish, schenkte ihr drei neue, gelockte Kätzchen. Unser spezifisches Gen war demnach dominant, da ein einziger Selkirk-Elternteil genügte, um gelockte Nachkommen hervorzubringen. Ich bin sehr stolz auf meine Ahnen, denen ich mein kräftiges und so anmutig gerundetes Aussehen verdanke. Ich bin aber noch stolzer darauf, dass ich drei Haararten besitze, die alle gelockt sind, wie meine Augenbrauen und meine Schnauzhaare.

Rechts und die beiden nächsten Doppelseiten: Happy-Jolly du Parc, Selkirk Rex Rot, von Herrn und Frau Courdille.

Devon Rex

Die Devon Rex ist grazil und muskulös, mit langen, feinen Beinen, einem schlanken, zugespitzten Schwanz. Der elegant verlängerte Hals trägt einen kleinen, keilförmigen Kopf mit vorstehenden Backenknochen, einem betonten Kinn und einer kurzen Schnauze. Die Stirn wölbt sich zu einem flachen Schädel mit einem deutlichen Stopp vor der kurzen Nase. Die sehr tief angesetzten Ohren sind riesengroß. Die großen, ovalen Augen stehen leicht schräg. Wie alle Rex ist die Devon gelockt oder gewellt. Die Erste wurde 1960 in der Nähe eines verlassenen Bergwerks im Devonshire gefunden. Es war ein Kater, der mit einer dreifarbigen Katze einen kraushaarigen Kater zeugte, der Kirlee genannt wurde. Seine Besitzer, die von der Existenz der Cornish Rex wussten, versuchten Paarungen zwischen diesen beiden Arten. Die daraus entstandenen Kätzchen hatten gerades Haar, und nur zur Inzucht konnten man die neue Rasse stabilisieren.

Honesty Van Zechique, Devon Rex Schildpatt-Tabby, von Marijke Wijers.

OBEN, RECHTS UND NÄCHSTE DOPPELSEITE: *Jewel Tiffany Van Zechique, Devon Rex Rot Schattiert, von Marijke Wijers.*

OBEN: *Honey Bee Van Zechique, Devon Rex Weiß.*
RECHTS: *Jewel Tiffany Van Zechique, Devon Rex Rot Schattiert, von Marijke Wijers.*

Cornish Rex

Die erste aller Rex wurde am 21. Juli 1950 in Cornwall geboren, als kleiner, lockenhaariger Mutant inmitten eines Wurfs gewöhnlicher Kätzchen der Mutterkatze Serena, die ihrerseits keine Besonderheit aufwies. Die Besitzerin von Serena, die gelockte Altrex-Kaninchen züchtete, war natürlich entzückt vom Aussehen des eigenartigen Kätzchens. Man riet ihr, das Katerchen mit seiner Mutter zu paaren, um weitere gelockte Kätzchen zu erhalten. Zwei Jahre später gebar Serena ein gewöhnliches Weibchen und zwei gelockte Katerchen. Die Anfänge dieser Rassenzucht gestalteten sich schwierig, da eines der Kätzchen verschwand und das andere als erwachsener Kater Tests unterzogen wurde, die ihn unfruchtbar machten. Er hatte zum Glück bereits für Nachwuchs gesorgt, und man bemühte sich, das mutierte Gen durch verschiedene Kreuzungen mit Burmesen und mit Britisch Kurzhaar weiter zu ver-

RECHTS: *Carlozio's Raphael Gold, Devon Rex Chocolate Tonkanesenmaske, von Anna Maria Quintela.*

erben und gleichzeitig die Farben zu vermehren, einen Typ festzulegen und Inzucht zu vermeiden. Die neue Katze erhielt den Namen »Cornish«, weil sie in Cornwall aufgetaucht war, und »Rex« wegen des gelockten Kaninchens ...

Das Fell der Cornish Rex ist kurz, dicht, ein bißchen plüschartig, gelockt oder gewellt. Das völlige Fehlen von Grannenhaaren unterscheidet diese Katze von der Devon Rex. Schnurrhaare und Augenbrauen sind ebenfalls gekräuselt und von guter Länge. Der mittelgroße Körper, feiner als bei der Devon Rex, ist sehr muskulös. Die langen, schlanken Beine und der dünne, zugespitzte Schwanz verleihen dieser Katze eine windhundartige Eleganz, die von den amerikanischen Züchtern durch Kreuzungen mit Siamesen und Orientalen noch verstärkt wurde. Im Profil bildet der Kopf eine gerade Linie von Stirnmitte bis Nasenspitze; der Schädel ist flach, die mandelförmigen Augen sind weit offen und leicht schräg eingesetzt. Ihre Farbe muss derjenigen des Fells angepaßt sein. Die Ohren sind groß, hoch angesetzt, breit am Ansatz, an den

OBEN: *Héloïse de Cléomont, Schwarz Smoke und Weiß, von Jean-Pierre Filippi.*
NÄCHSTE DOPPELSEITE: *Honey Bee Van Zechique, Devon Rex Weiß, von Marijke Wijers.*

OBEN UND RECHTS: *Gaston, Framboise du Pen Cuckoo und Hela d'Aba, Cornish Rex, von Herrn und Frau Maillet.*

Spitzen abgerundet und mit feinsten Härchen besetzt, aber ohne »ear muffles«, d. h. behaarte Hautfalten am hinteren Ohrenansatz, wie sie die Devon Rex hat.

Europäisch Kurzhaar

Hier ist die Katze, die um ihrer selbst Willen geliebt wird, die sanfte Hauskatze, die Stadt- und Feldkatze, die in ihrer Herrlichkeit banale Katze: die Europäerin. Sie ist die älteste unserer Katzen, da sie mit den römischen Legionen noch Gallien kam, aber als Rassekatze wurde sie erst 1983 bei den Wettbewerben zugelassen. Sie hat viel zu unserem literarischen und volkstümlichen Erbe beigetragen; sie ist äußerst nützlich gewesen und hat sogar ihr Leben in den Händen der Fellhändler oder auf dem Scheiterhaufen der Hexen gelassen. Wie können wir weiterhin dieses Tier ignorieren, das durch seine bloße Gegenwart die berühmten Rassen mit exotischerer Herkunft in den Schatten stellt? Man kultivierte also seine Besonderheiten.

Die Europäisch Kurzhaar ist mittelgroß und entspricht einer durchschnittlichen europäischen Hauskatze, die sich natürlich, d.h. ohne bewußte Zuchtrichtung, entwickelt hat. Bei ihr gilt ein allzu

Rechts: Glaçon, Europäisch Kurzhaar Weiß, von Monique Barbotte.

schlanker und siamesenartiger Körper als schlimmer Fehler, ebenso ein allzu gedrungener Körper wie beim britischen Typ oder beim Exoten. Sie ist mittelgroß bis groß, robust, stark und muskulös, mit kräftigen mittellangen Beinen und einem runden und gut entwickelten Brustkorb. Ihr Kopf ist ziemlich groß und gerundet, ihre Nase ist gerade, mittellang und gleich breit in der ganzen Länge. Der Ansatz von der Stirn muss deutlich erkennbar sein, aber keinesfalls einen Stopp bilden wie bei ihren Verwandten der Britischen Inseln, die auch kleinere Ohren haben. Ihre Augen sind rund und offen, weit auseinander und leicht schräg gestellt, leuchtend grün, gelb oder orange, ja sogar blau oder ungleich bei der weißen Varietät. Ihr kurzes und dichtes, festes und glänzendes Fell ist nicht so glatt wie bei den Orientalen oder flaumig wie bei der Britisch Kurzhaar. Ein Original? Sie scherzen wohl …

Rechts und nächste Doppelseite:
Danube, Europäisch Blau Getupft, von Daniela Goll.

OBEN: *Zazie, Europäisch Kurzhaar Bicolour Schwarz/Weiß, von Claude Paul und Marcel Godenir.*
RECHTS: *Fugue du Val aux Biches, Europäisch Kurzhaar Braun Tabby Gestromt, von Jacqueline Monnet.*

OBEN: *Glaçon, Europäisch Kurzhaar Weiß, von Monique Barbotte.*
RECHTS UND NÄCHSTE DOPPELSEITE: *Élodie des Mézières, Europäisch Kurzhaar Golden Tabby Gestromt, und ihr Wurf, von Suzanne Piqué.*

Sphinx

Ich gefalle ihnen nicht? Sie finden mich unanständig nackt? Bin ich nackter als Sie? Wenn ich mich nicht täusche, nennt man mich die Sphinx: Hier stelle *ich* die Fragen. Und wenn es mir gefällt, gebe ich auch die Antworten darauf. Meine Haut wird durch kaum sichtbaren, feinsten Flaum bedeckt, und sie ist so zart wie Wildleder. Sind es vielleicht meine Falten, die Sie abstoßen, meine allzu auffallende Muskulatur, gepaart mit einer gewissen Plumpheit? Na gut, ich bin kein Windhund, sondern eher eine kahlgeschorene Devon Rex, aber mit dem Touch eines Mutanten. Übrigens, alle jene Rex sind unerfahrene Mutanten. Ich hingegen bin eine alte Mutantin. Ich habe Ahnen auf präkolumbianischen Stichen; Wissenschaftler haben mich 1830 in Paraguay und 1900 in Mexiko gesehen, und da man mich heute züchtet, wird man sich wohl mit mir abfinden müssen.

Rechts und nächste Doppelseite: *Phalaenopsis Georgette à Poil!, Sphinx Braun Schildpatt-Tabby, von Patrick Challain und Guy André Pantigny.*

Japanese Bobtail

Die schlanke und muskulöse Japanese Bobtail mit der abgerundeten Schnauze und dem dreieckigen Kopf verdankt ihren Namen ihrem kurzen, quastenförmigen Schwanz. Ihre hohen Backenknochen und ihre schräg eingesetzten Augen scheinen ihre asiatische Herkunft, die bis auf das 7. Jahrhundert zurückreicht, zu bestätigen. Wenn sie steht, sind ihre längeren Hinterbeine angewinkelt, wenn sie sitzt, neigt sie dazu, eine Vorderpfote zu heben – eine Geste, die zahlreiche japanische Statuetten, »Manekineko« (die Katze, die grüßt) genannt, verewigt haben. Es heißt, sie brächten Reichtum, wenn sie die linke Pfote heben, und Glück, wenn sie die rechte Pfote heben … Wenn es dreifarbig ist, vertreibt das lebende Tier die bösen Geister.

RECHTS: *Izumo von der Baderstadt, Japanese Bobtail, von Rolf Voehringer.*

OBEN: *Passetis Chase.* RECHTS: *Ioko-Omo von der Baderstadt, Japanese Bobtails, von Herrn Rolf Voehringer.*

AMERIKANISCH KURZHAAR

Unsere Vorläuferin ist eine Amerikanisch Kurzhaar, eine Emigrantin, die im Planwagen der Pioniere nach Westen zog. Durch ihre Morphologie ihren europäischen Verwandten sehr nahestehend, hat sie rauheres Haar, vermutlich in Erinnerung an ihr abenteuerliches Leben, und natürlich ist sie, wie alles in Amerika, eine Nummer größer.

OBEN, RECHTS UND VORHERGEHENDE DOPPELSEITE: *Miribu's Bustopher Jones of Phalaenopsis, Amerikanisch Kurzhaar Braun Tabby Gestromt, von Guy-André Pantigny.*

American Curl

Wir sind die American Curls mit den gelockten Ohren, entstanden aus einer spontanen Mutation Anfang der 80er Jahre. Da noch so neu, ist unser Typus noch etwas unklar, abgesehen von unseren Ohren, die an der Basis breit, gut gekrümmt und im Idealfall halbmondförmig sind. Unser Fell kann kurz, dicht und anliegend sein, oder halblang, flach und seidig, ohne Unterwolle oder Halskrause. Ansonsten sind wir mittel groß, mehr oder weniger langgestreckt, und beide Schläge haben ihre Anhänger. Unser Kopf ist länger als breit, hat eine gerade Nase, die in sanfter Kurve und ohne Stopp auf die Stirn übergeht. Unsere Augen sind breit, gut auseinanderstehend, mandelförmig und farblich dem Fell angepasst, das alle Farben aufweisen darf.

Rechts und nächste Doppelseite: *Hollywood Chewing Gum de Cour Saint-Éloi, American Curl Rot und Weiß, von Florence Prescott.*

LINKS UND OBEN: *Harmonie d'un soir des Fleurs du Mal, American Curl, von Christian Doublet.*

Oben und rechts: *Free Taxe de Cour St Éloi, American Curl Schildpatt Smoke, von Florence Prescott.*

Sie hat einen mittelgroßen, kräftigen und muskulösen Körper, eine kräftige, im Profil gerundete Brust und einen vollkommen geraden Rücken. Die verhältnismäßig feinen Beine sind gut proportioniert, die Füße zierlich und von ovaler Form. Der oben leicht gerundete Kopf hat die Form eines kurzen, stumpfen Keils; die Wangen sind voll, insbesondere beim Kater. Die Ohren, von mittlerer Größe, weit auseinander gesetzt auf dem Schädel, sind breit, im Ansatz mit gerundeten Spitzen und leicht nach vorne geneigt. Die Nase soll im Ansatz eine leichte Einbuchtung zeigen; der Kiefer soll breit sein und im Profil muss das Kinn einen kräftigen Unterkiefer zeigen. Die Augen sollen weit auseinander gesetzt sein, groß, wobei die obere Augenlinie nach orientalischer Art zur Nase verläuft, während die untere Augenlinie gerundet ist. Sie können alle Schattierungen von Gelb bis zu bern-

RECHTS UND NÄCHSTE SEITE: Houdette de Treuzy genannt Élisa, Burma Chocolate, von Sébastien Bonutti.

steinfarbig haben; erwünscht ist goldenes Gelb. Das Fell ist kurz und fein, von satinierter Textur, sehr glänzend und fast ohne Unterwolle. Alle Farben sollen ohne Streifen oder Musterung sein, aber bei einigen Varietäten ist der Unterkörper ein wenig heller als der Rücken und die Beine. Alle Burma stammen von der Kätzin Wang Mau ab, die 1930 aus Rangoon in die Vereinigten Staaten gebracht wurde. Sie wurde erstmals mit dem Siamkater Seal Point Tai Mau gepaart und warf Kätzchen vom Siamesentyp und solche, die ihr glichen. Durch Paarungen der Nicht-Siamesen untereinander und mit ihrer Mutter gelang es, die Rasse zu fixieren, die ab 1936 offiziell anerkannt wurde. Diese Homologierung musste in den 40er Jahren aufgehoben werden, da die Siam-Merkmale langsam die Überhand genommen hatten. Während die Amerikaner ihre Zuchtwahl wieder aufnahmen, entwickelten die Engländer ihr eigenes Zuchtprogramm, die Rasse wurde 1952 anerkannt. Im folgenden Jahr wurde auch die amerikanische Burma wieder homologiert. Sie unterscheidet sich von der englischen durch einen robusteren und weniger orientalischen Körperbau.

OBEN: *Wurf von Eesara Cha Iro No Ran, Burma Mink, von Béatrice Wood.*

Tonkanese

Nur die frühen Vorfahren der Tonkanesen stammen aus dem Orient; sie selbst ist in Amerika aus Kreuzungen zwischen Burma und Siamkatze entstanden. In Kanada ist sie erst 1974 anerkannt worden, in den USA in den 80er Jahren, aber in Europa wartet sie noch auf die offizielle Anerkennung. Tonkanesen sehen aus wie eine perfekte Synthese ihrer beiden Erzeuger: etwas feiner als die Burma, schwerer als die langgestreckte Siamkatze. Die Grundfarben sind dieselben wie bei der Burma, aber sie tragen auch die markanten Abzeichen der Siamesen. Ihre aquamarin- oder türkisblauen Augen verleihen ihnen ihren besonderen Charme. Ihr Kopf ist weniger rund als der der Burma, aber weniger dreieckig als bei unserer modernen Siamkatze. Diese genetische Hybride ist eine Rückkehr zu einer vergangenen Ästhetik, und dies sollte die Anhänger der ursprünglichen englischen Burma und der damaligen rundlichen Siamkatze erfreuen.

Rechts: *Hug Cha Iro No Ran, genannt Duchesse, Tonkanese Natural Mink, von Jocelyne Majus.*

97

Links: Thamakan Silver Jeannet, Burmilla Silber, von Anna Maria Quintela.
Oben: Kätzchen von Eesara Cha Iro No Ran, Burma Zobel, von Béatrice Wood.

BURMILLA

Wie die Tonkanese ist die Burmilla zum Teil eine Burma, aber ihr Auftreten verdankt sie nicht züchterischen Bemühungen, sondern einer zufälligen Liebesheirat zwischen einer Burma Lilac und einem Chinchillaperser, beide im Besitz der Baronin Miranda von Kirchberg. Wenn man weiß, wie wichtig den Liebhabern von Rassekatzen die Rassenreinheit ist, kann man sich lebhaft vorstellen, wie wenig begeistert jene Dame von dieser nicht ganz legalen Verbindung gewesen sein muss. 1981 in Großbritannien geboren, machten diese Kätzchen den Fehltritt ihrer Eltern wieder wett: Sie waren absolut unwiderstehlich und wurden sogleich die Gründer einer authentischen neuen Rasse. Von der Burma hat die Burmilla die elegante Linie, die schlanken Beine, die mandelförmigen Augen und die allgemeine Kopfform. Vom Chinchilla hat sie die geschminkten Lippen, Nase und Au-

RECHTS UND NÄCHSTE DOPPELSEITE: *Thamakan Silver Jeannet, Burmilla Silber, von Anna Maria Quintela, fotografiert von Marianne Paquin.*

gen, die bei ihr immer schön grün sind, sowie das charakteristische »Tipping«, das ihrem Fell Glanzlichter aufsetzt. Ihr üppiges Fell ist flach anliegend und länger als bei der Burma. Die gefärbten Haarspitzen können alle Farben der Burma aufweisen (Zobel, Chocolate, Sepia, Blau, Lilac, Rot, Crème) sowie das Schwarz der Chinchillas auf einer silbrigen oder goldenen Grundfarbe.

BOMBAY

Die Bombay ist eine relativ neue Rasse. Sie ergab sich aus der Kreuzung einer Birma mit einer schwarzen Amerikanisch Kurzhaar. Ihr glänzendes, kurzes und gut anliegendes Fell sollte einheitlich schwarz sein wie auch ihre Haut, ihre Nase und ihre Pfotenballen. Ihre runden, weit auseinander stehenden Augen sind golden oder, besser noch, kupferfarben. Kopf und Schnauze sind rund, die Wangen voll, die Ohren mittelgroß, breit an der Basis und leicht nach vorne geneigt. Die relativ kurze Nase weist einen mittelmäßigen Stopp auf. Die Rasse wurde in den USA 1976 offiziell anerkannt und gilt heute als fixiert. Der Miniaturpanther, der seinen Namen seinem gefährlichen Vetter aus Indien verdankt, diese Katze mit dem sanften, liebenswürdigen Wesen, scheint die schrecklichen Legenden zu widerlegen, die der Mensch seit Unzeiten über die angeblich unheilbringende schwarze Katze verbreitet.

RECHTS UND NÄCHSTE DOPPELSEITE: *Fejuko's Jeanette Isabella, Bombay, von Michel Michel Le Hir.*

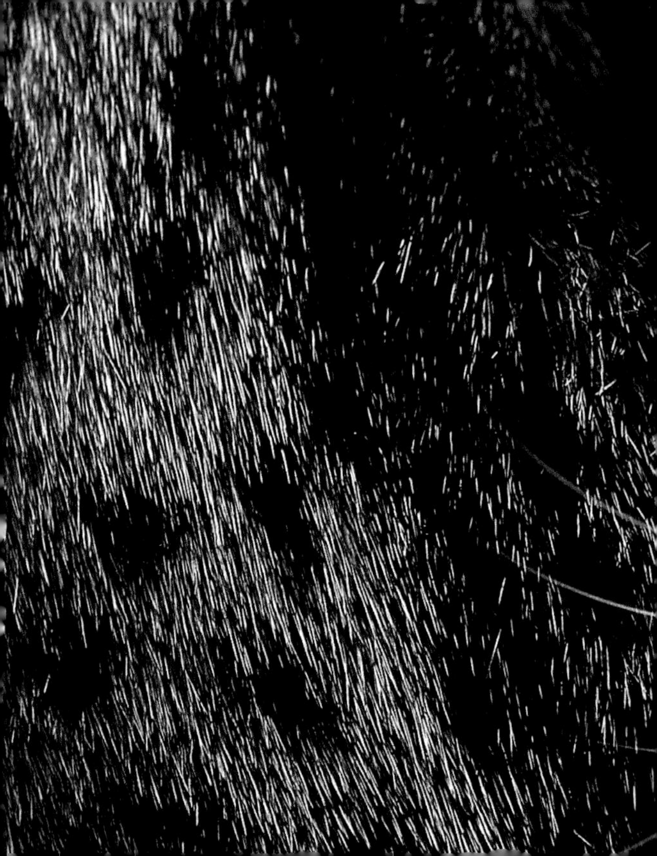

Ägyptische Mau

In Ägypten, dem Ursprungsland dieser Rasse mit dem feingetupften Fell und den charakteristischen stachelbeergrünen Augen, bedeutet »Mau« einfach »Katze«. Die Mau hat einen ähnlichen Körperbau wie die Abessinier; ihr geschmeidiger und kraftvoller Körper soll weder zu schwerfällig nach allzu langgestreckt sein. Der Kopf ist ein gerundeter Keil, die Nase ist kurz und die mittelgroßen Ohren sind auf dem Innenrand befedert. Auf der Stirn hat sie eine skarabäusähnliche Zeichnung oder ein »M«, die Augen werden durch feine Linien verlängert, die ihr ein geschminktes Aussehen verleihen. Der Schwanz ist geringt, und um den Hals trägt sie eine offene Halskette. Auf den Hinterpfoten befinden sich Streifen, die meist unvollständige Ringe bilden. Das feine und seidige, gut anliegende Haar soll ein zweifaches »Ticking« aufweisen. Die ersten authentischen Maus sollen in den 50er Jahren in Italien erschienen sein, bevor

Rechts, vorhergehende und nächste Doppelseiten:
Junglebook Aspen Mist, Ägyptische Mau Silber, von Ingrid B. Baur-Schweizer.

sie von ihrem Besitzer in die Vereinigten Staaten mitgenommen wurden, wo die Rasse 1978 anerkannt wurde. In der Zwischenzeit wünschten die Engländer ebenfalls, Maus zu züchten, stießen aber wegen der Quarantänebestimmungen auf Schwierigkeiten. So versuchten sie das, indem sie verschiedene getigerte Abessinier und Siamesen verwendeten, aber diese Mischlinge glichen der Mau überhaupt nicht, sondern ergaben die Orientalisch Kurzhaar Tabby Getupft.

Als Zeichen von Zuneigung und Ztrauen zeigt die Pfote (Seite 109), die die Katze fest auf die Hand der Person legt, die man als ihre Meisterin bezeichnet, einen Hauch von Überlegenheit. Wer ist eigentlich der Herr im Haus? Niemand weiß das so genau. Spezialisten lehren uns anhand von Beweismaterial, dass die Hauskatze sich im Freien wie ihre wilden Verwandten verhält und zu Hause wieder zum Kätzchen wird, das »seine« Menschen in Adoptiveltern verwandelt.

BENGALKATZE

Die Bengalkatze ist eine vor relativ kurzer Zeit entstandene Rasse. Sie ist das Ergebnis von zuchttechnischen Bemühungen, die Träume des zivilisierten Menschen zu verwirklichen. Letzterer scheint von der Idee besessen zu sein, bei sich zu Hause ein reduziertes Modell, eine mehr oder weniger gezähmte Kopie der furchtbaren Großkatzen zu besitzen. Höchstwahrscheinlich verdanken wir diesem »Mougli-Komplex« die Bengal, die von einer amerikanischen Züchterin aus Kreuzungen zwischen kurzhaarigen Europäern oder Amerikanern und der *Felis bengalensi*, einer asiatischen Leopardenkatze, hervorgebracht wurde. Die ersten Kätzchen wurden mit ägyptischen Maus und mit anderen gefleckten Katzen gepaart. Das Ergebnis dieses in den 60er Jahren begonnenen Zuchtprogramms war eine große, kräftig bemuskelte Katze mit robustem Knochenbau und wildem Aussehen. Der abgerundete Kopf sitzt auf

RECHTS UND SEITEN 118/119: Bengal's hill's Hearty, Bengalkatze Chocolate Tabby Getupft, von Herrn und Frau Michel Sfez-Zon.

116

OBEN UND RECHTS: *Bengal's hill's Honey-Moon, Bengalkatze Braun Tabby Getupft, von Herrn und Frau Sfez-Zon.*

einem gedrungenen Hals und ist eher klein im Verhältnis zum Körper. Die weit auseinander stehenden Augen sind oval und leicht schräg eingesetzt; in der Ruhe sind die Ohren nach vorne gerichtet. Das Fell ist dicht und sieht etwas plüschartig aus, ist aber weich und fühlt sich samtig an. Es ist über und über mit großen, horizontal angeordneten Flecken übersät; am Kopf, an den Schultern und an den Beinen sind Streifen und der Schwanz ist geringt und endet in einer dunklen Spitze.

Es scheint, dass diese sehr scheue Katze nicht immer bester Laune ist, und die Züchter bemühen sich, ihren Charakter zu verbessern – was kein Luxus ist, wenn man bedenkt, dass die Kater manchmal ein Gewicht von acht oder neun Kilogramm erreichen können.

RECHTS: *Bengal's hill's Hearty, Bengalkatze Chocolate Tabby Getupft, von Herrn und Frau Sfez-Zon.*

SINGAPURA

Die Singapura teilt mit den europäischen Katzen eine gemeinsame Herkunft – die Gasse. In Südost-Asien kommt sie sehr häufig vor und in Singapur wird sie als »Gossenkatze« bezeichnet. Ihren ungeliebten und schlechternährten Vorfahren verdankt sie sicherlich eines ihrer charmantesten Merkmale: ihren kleinen Wuchs. Eine ausgewachsene weibliche Katze wiegt nicht mehr als zwei Kilo, ein Kater kaum drei!

Sie wurde Mitte der 70er Jahre von amerikanischen Züchtern entdeckt, die sie in ihrem Gepäck mitnahmen, um aus ihr eine Rassekatze zu machen. Und jetzt lebt sie unter uns, mit ihrem leicht dreieckigen Kopf mit abgerundeten Linien, mit ihren großen Ohren und ihren fast übergroßen mandelförmigen Augen, die sie weit offen hält. Die Augenfarbe ist haselnussbraun, grün oder gelb und die Augen sind, wie der Nasenspiegel und die Lippen, wie mit einem Kajalstrich um-

RECHTS, VORHERGEHENDE UND NÄCHSTE DOPPELSEITE: H-Butterfly du Fort Canning, Singapura Sepia Agouti, von Gérard Prescott.

randet, was sie noch größer erscheinen lässt. Die Singapura ist schlank und hat einen gut bemuskelten Körper: die Beine sind mittelschlank, nicht fein, die Pfoten oval mit braun-rosa Ballen. Das Fell ist sehr kurz, liegt dem Körper dicht an und ist von seidiger Textur. Die Haare sind getickt wie bei der Abessinier, dunkel-sealbraun auf warmem Elfenbein und Bronze.

OCICAT

Mitte der 60er Jahre arbeitete Virginia Daly, eine amerikanische Züchterin, an einem Kreuzungsprogramm zwischen Abessiniern und Siamesen. Aus einer Paarung einer der Mischlingskatzen mit einer

Chocolate Point Siamesin entstand, zu ihrem größten Erstaunen, ein vollständig getupftes Kätzchen. Es wurde Ocicat genannt, in Anlehnung an den Ozelot, und wurde Teil eines besonderen Programms

OBEN UND RECHTS: *Gitane du Vieux Pont, Ocicat Braun Tabby, von Suzanne Arelli.*

zur Fixierung und Bekanntmachung der Rasse. Die Ocicat ist elegant und kräftig, weder zu fein noch zu schwer, und sollte wie eine kleine Wildkatze aussehen. Ihr Kopf ist weder allzu dreieckig noch allzu rund; die Wangen und das Kinn sind gut entwickelt, die Schnauze ist ziemlich lang, aber nicht spitzig, zwischen Nase und Stirn gibt es einen kleinen Stopp. Die großen mandelförmigen Augen stehen ziemlich weit auseinander und leicht schräg; alle Farben sind erlaubt außer blau. Die mäßig großen Ohren sind an den Seiten des Kopfes angesetzt. Die muskulösen Beine mit dem kräftigen Knochenbau enden in großen ovalen Pfoten. Der Schwanz ist ziemlich lang und verjüngt sich leicht. Die Haare weisen ein »Ticking« auf, und über dem Fell sind große, daumenabdruckähnliche Flecken verstreut. Der Kopf ist gestreift und der Schwanz geringt.

Rechts und die nächsten zwei Doppelseiten: *Hocy du Vieux Pont, Ocicat Silber Getupft, von Fabrice Calmes.*

California Spangled

Ich, die California Spangled, zu deutsch »kalifornische getupfte Katze«, bin ein reines Produkt menschlicher Züchtungskunst. Ich entsprang zuerst der Fantasie eines Drehbuchautors aus Hollywood, Paul Casey, der mich so haben wollte wie die getupften afrikanischen Wildkatzen. In den 70er Jahren machten sich Spezialisten an die Arbeit und kreuzten englische und amerikanische Kurzhaar mit Straßenkatzen aus Kairo und aus Südostasien sowie mit einigen Siamesen. Obwohl Mutter Natur in bezug auf Rassen ein ausgesprochener Schmelztiegel sein kann, hätte sie Mühe gehabt, all dies an einem einzigen Ort zu vereinigen. Der Nachbar zu meiner Rechten und seine Kollegen auf den folgenden Seiten sind echte Showkatzen.

VORHERGEHENDE DOPPELSEITE UND RECHTS: *Carragato Lassik, California Spangled Golden Getupft, von Vanna Maria Tatti.*
NÄCHSTE DOPPELSEITE: *Tootsie, Hauskatze, von Herrn und Frau Weldens.*

LINKS: *Tootsie, Hauskatze, von Herrn und Frau Weldens.*

OBEN: *Tatleberry Tywysog, Manx Braun Tabby und Weiß, von Huguette Noebels.*

Manx

Die Manx ist eine Katze mit kurzem Rücken und rundlichen Formen, die durch ihr wesentliches Merkmal unterstrichen werden: ihren fehlenden Schwanz. Sie ist von mittlerer Größe, gedrungen und kompakt – ein Körperbau, der mit dem technischen Ausdruck »cobby« beschrieben wird. Die kräftigen Beine mit dem starken Knochenbau sind vorne kürzer, so dass die Hinterhand etwas der eines Bären … oder eines Kaninchens gleicht. Wie letzteres hoppelt diese Katze gerne. Ihr Kopf ist rund, mit einer Schnauze, die etwas länger als breit ist; die Wangen sind stark entwickelt und die Stirn leicht gewölbt. Die Augen sind ebenfalls rund, groß, stehen weit auseinander und leicht schräg; ihre Farbe entspricht der Fellfarbe. Das Fell ist kurz, dicht, seidig und weist Unterwolle auf. Im Idealfall ist bei der Manx die Schwanzlosigkeit vollkommen und sie hat ein absolut rundes Hinterteil: Man nennt sie dann »rumpy«. Das für

RECHTS: *Tatleberry Tywysog, Manx Braun Tabby und Weiß, von Huguette Noebels.*

diese Mutation verantwortliche Gen äußert sich jedoch nicht immer in derselben Weise: gewisse Manx können bis zu drei Schwanzwirbel haben, die in einer Fellquaste enden (rumpy riser), oder sogar einen rudimentären Schwanz haben, der bis zu zehn Zentimeter lang sein kann (stumpy). Es gibt auch Kätzchen, die mit einem mehr oder weniger normalen Schwanz geboren werden; diese »tailed Manx« werden ausschließlich zur Zucht verwendet.

Die nur auf der Insel Man, im irischen Meer, vorkommende Rasse ist seit mehr als zwei Jahrhunderten bekannt. Seit Anfang dieses Jahrhunderts interessieren sich die britischen Züchter für sie. Anfänglich wurden alle Kätzchen mit etwas längerem Haar ausgemerzt. In den 60er Jahren interessierten sich Amerikaner für diese alten Katzenformen, mit denen sie eine neue Rasse züchteten, die sie Cymric nannten. Dieses Wort stammt von »Cymru«, dem walisischen Namen für Wales.

RECHTS: Shen's Lady (AUCH NÄCHSTE DOPPELSEITE), Yuki und Winnie de la Cambade, Manx, von Huguette Noebels.

Scottish Fold

Wie die Manx hat auch die auf den folgenden Seiten abgebildete Scottish Fold eine morphologische Doppelgängerin, die Highland Fold. Sie finden sie auf den Seiten 188-191 zusammen mit der Cymric in der Kategorie der Halblanghaar, ebenso wie den Standard dieser »schottischen« Katze mit den gefalteten Ohren.

OBEN, RECHTS UND NÄCHSTE DOPPELSEITE: *Mar de Barret, genannt Liberty, Scottish Fold Van Schwarz und Weiß und Scotland Yard, Scottish Fold Blau Silber Tabby Gestromt und Van, von Yannick Prescott-Queffléant.*

Kartäuser

Die Kartäuser, die ihren Ruhm der Schriftstellerin Colette verdankt, ist einheitlich blau-grau. Nur ihre kupfernen oder dunkel orangefarbenen Augen heben sich. Es handelt sich um eine mittellange, massive und feste Katze, mit einer breiten, entwickelten Brust, kurzen, stämmigen Beinen. Sie unterscheidet sich von den anderen »Blauen« durch ihren kurzen Kopf, der die Form eines umgekehrten Trapezes aufweist. Die mittelgroßen Ohren sind hoch plaziert, aber nicht aufrecht auf dem Schädel, der rund und nicht flach ist. Die breite und gerade Nase weist keinen Stopp auf. Das Fell ist glänzend, dicht, darf nicht eng anliegen, sondern muss etwas abstehen, wollig wie beim Fischotter. Das reich ausgebildete Unterfell darf sich farblich nicht allzu stark vom Deckhaar unterscheiden, das kein Ticking aufweisen darf. Alle weißen Haare oder Reflexe gelten als schwerer Fehler.

Rechts und nächste Doppelseite:
Darling du Sacré Cœur, Kartäuser, von Marie-Lucie Malenovic.

Abessinier

Die erste Abessinier hieß Zula und wurde von Mitgliedern einer Militärexpedition aus Äthiopien (damals Abessinien) nach England gebracht. Das war im Jahre 1868, und eine Fotografie dieser einzigen Rassevertreterin zeigt uns, dass sie ihren modernen Nachkommen nicht glich. Um ihre Züge zu bewahren, die ihren Charme ausmachten, sowie ihr Hasenfell, mus-

OBEN UND DIE NÄCHSTEN ZWEI DOPPELSEITEN: *Diamond Silver d'Altaïr of Cinnamon's, Abessinier Silber Sorrel, von Gilles Guillaumes.*

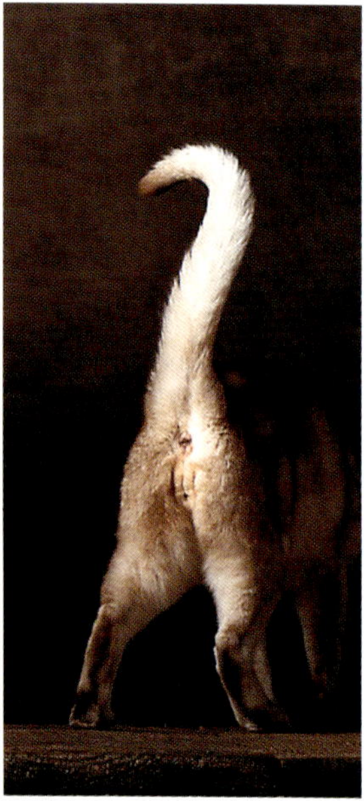

OBEN: *Diamond Silver d'Altaïr of Cinnamon's, Abessinier Silber Sorrel, von Gilles Guillaumes.*

RECHTS: *Cinnamon's Fersen, Abessinier Sorrel, von Franck Massé.*

OBEN, RECHTS: *Hot Shot Lone Star, Fiona Lone Star, Hennessy Lone Star und Shechinah Esprit d'Amour, Abessinier Agouti von Daniela Goll.*

ste man Zula mit einheimischen Katzen paaren, die ihr möglichst ähnlich waren. Die Rasse wurde in England etabliert und 1871 bei der ersten Katzenausstellung im Londoner Crystal Palace vorgestellt. 1889 wurden erste Richtlinien für die Beurteilung aufgestellt und 1926 wurde der englische Abyssinian Cat Club gegründet. Im folgenden Jahr erschien die Katze in Frankreich; einziger Vertreter war Ras Tafari, der natürlich auf der anderen Seite des Ärmelkanals geboren war. Die Rasse wurde bald sehr beliebt, und ihre Zucht entwickelte sich sowohl in Europa als in Amerika rasch. In den Vereinigten Staaten gehört die Abessinier, zusammen mit der Siamkatze und den Persern, zu den beliebtesten Katzenrassen. Die elegante Abessinier, die an ägyptische Götter erinnert, ist ein wahres Traumtier! Sie ist von mittlerer Gestalt, fest, geschmeidig, griffig und muskulös. Sie hat einen ziemlich langen, spitz zulaufenden Schwanz. Ihre sehnigen, langen und schlanken Beine enden

RECHTS: *Gennetic's Black Silver d'Alyse de la Pagerie, Abessinier Silber, von Alyse Brisson.*

in schmalen und ovalen Pfoten. Der Kopf zeigt eine gemäßigte Keilform und ist von sanfter Kontur, das Kinn ist kräftig, die Nase mittellang und die Ohren verhältnismäßig groß, weit auseinanderstehend und straff aufgerichtet, sie haben meist ein Ohrbüschel am inneren Rand. Die großen ausdrucksvollen Augen mit mandelförmigem Schnitt und dunkler Umrandung müssen gut auseinander stehen und von reiner Farbe sein – grün, gelb oder intensives Bernstein gelb. Das Fell ist kurz, fein und dicht anliegend. Die Haare weisen ein doppeltes oder vorzugsweise dreifaches Ticking auf, das heißt sie haben zwei oder drei Farbbänder; dunkle Haarspitzen werden bevorzugt. Die Fellfarben sind Agouti (wild-farben), Sorrel (rotbraun), Blau, Fawn (beige), oder Silber, ohne Abzeichen (Geisterstreifen) auf der Brust, dem Bauch oder an den Beinen. Nasenspiegel, Pfotenballen und manchmal sogar Schwanzspitze sind bestimmten Kriterien unterworfen und müssen farblich dem Fell angepaßt sein.

RECHTS: *Helwétia de Fontanalbe, Abessinier Fawn, von Marie-Louise Giraud.*

OBEN UND RECHTS: *Bahariya's Tefnout Blue Genes, Abessinier Blau, und Zazie, Europäisch Kurzhaar Bicolour, von Claude Paul und Marcel Godenir.*

OBEN UND RECHTS:
Cinnamon's Fersen, Abessinier Sorrel, von Franck Massé.

HALBLANGHAAR-
KATZEN

SOMALI

Afrikanerin vom Namen her, ist die Somali nichts anderes als eine halblanghaarige Abessinier, eine Mutation, die in den 30er Jahren aufgetaucht ist. Lange wurde sie ihres Fells wegen von der Zucht ferngehalten, bis 1960 amerikanische Züchter auf sie aufmerksam wurden. Heute ist die Somali allgemein anerkannt. Sie entspricht demselben Standard wie die Abessinier. Ihr Fell ist etwas länger und bildet Hosen und Halskrause, weist aber dasselbe Ticking auf.

OBEN: *Lynn Lee's Black Eyed Susan.*
RECHTS: *Lynn Lee's Secret Wishes, Somali Wildfarben, von Alain Piette.*

VORHERGEHENDE SEITE: *Pandapaws Eddie, Ragdoll Bicolour, von Frau Tatti.*

OBEN: *Lynn Lee's Secret Wishes von Herrn und Frau Piette.*
RECHTS UND NÄCHSTE DOPPELSEITE:
Hyacinth des Fauve et Or, Somali Blau, von Christine Le Renard.

OBEN UND RECHTS: *Helie-Tim du Bois Galant, genannt Heliot, Somali Sorrel, von Patrick-Michael Reygner.*

Schottische Katze

Die Scottish und die Coupari sind das Produkt einer spontanen Mutation, die in den 60er Jahren in Schottland auftrat. Sie teilen sich denselben Körperbau und unterscheiden sich nur durch die Haarlänge. Es handelt sich um ziemlich kurze, rundliche Katzen mit mittelgroßen Beinen und runden Pfoten; Brust und Körper sind abgerundet. Die nach vorne gefalteten Ohren sitzen auf einem rundlichen Schädel und lassen die Katze mit den großen, runden Augen wie ein Uhu erscheinen. Das mutierte Gen, das für diese Ohren verantwortlich ist, scheint auch Knochenprobleme zu verursachen; den Folds werden deshalb regelmäßig andere Rassen eingekreuzt, um sie gesund ... und rund zu erhalten.

RECHTS: *Hidole des Sentiers Sauvages, Coupari, von Herrn und Frau Doublet-Picroyer.*

VORHERGEHENDE UND NÄCHSTE DOPPELSEITE:
H_2O de Cour Saint-Éloi, Cymric Shell Schildpatt, von Florence Prescott.

NORWEGISCHE WALDKATZE

Die Norwegische Waldkatze ist eine kräftig gebaute Katze mit langgestrecktem Körper. Ihre muskulösen, hinten höheren Beine enden in großen runden Pfoten, die zwischen den Zehen Haarbüschel aufweisen. Der Kopf ist ein gleichmäßiges Dreieck mit hoch oben plazierten, langen, geraden, gut geöffneten Ohren, die innen lange Haare tragen; luchsartige

OBEN, RECHTS UND NÄCHSTE DOPPELSEITE:
Norwegische Waldkatze Weiß,
von Theres Ramseyer.

Haarbüschel werden besonders geschätzt. Das Kinn soll sehr kräftig sein, das Profil gerade, ohne jeglichen Stopp. Die großen, leicht schräg gestellten Augen können jegliche Farbe aufweisen, wie auch das Fell, bei dem ebenfalls alle Abzeichen zugelassen sind, außer den »Points« der Siamesen und den Grundfarben Chocolate und Lilac. Der lange buschige Schwanz muss bis zum Nackenansatz reichen, wenn man ihn auf den Rücken legt. Die Katze trägt ihn stolz wie eine Fahne. Das halblange Fell besteht aus Unterwolle und längerem Deckhaar, das auf dem Rücken und an den Seiten glatt und wasserabstoßend ist. Im Winterfell trägt die Katze eine lange Halskrause, einen im Dreieck von den Backen herabfallenden Bart und »Knickerbocker-Hosen« an den Hinterbeinen. Das Sommerfell nach dem jährlichen Haarwechsel ist meistens kurz; nur der Schwanz bleibt buschig.

RECHTS UND NÄCHSTE DOPPELSEITE: *Hanske de la Cachouteba, Norwegische Waldkatze Blau Tabby mit Weiß, von Christine Pochez.*

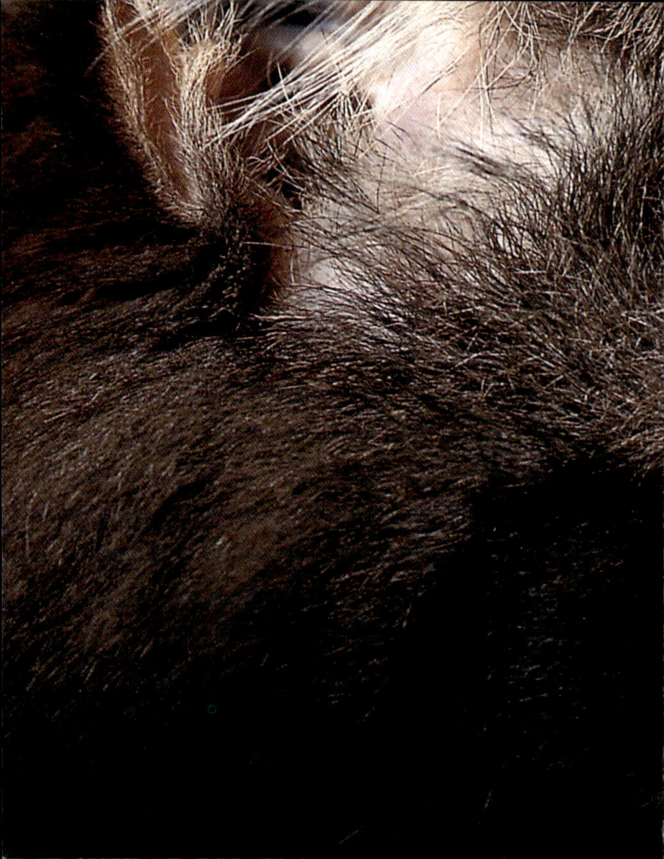

SIBIRISCHE WALDKATZE

Im Jahre 1990 kam die Sibirische Waldkatze in den Westen, aber in der DDR und in der Tschechoslowakei wurde sie bereits seit einigen Jahren gezüchtet. Ihr offizieller Klub in St. Petersburg ist der Garant ihrer Herkunft.

Es handelt sich um ein »Mordsding« von einer Katze; die kräftig gebauten Kater können ein Gewicht von über 10 Kilogramm erreichen und die Kätzinnen rund 6 Kilogramm. Sie hat einen massiven Körper, einen schweren Körperbau, kräftig bemuskelte Flanken, Rücken und Schultern, eine breite und gerade Brust, mittellange Beine mit großen, leicht ovalen Pfoten und kleinen Haarbüscheln zwischen den Zehen. Der Schwanz ist weniger lang als bei der Norwegischen Waldkatze, aber dick und kräftig, mit gleichlangen, von der Basis bis zur leicht gerundeten Spitze senkrecht eingesetzten Haaren. Der trapezförmige Kopf weist

RECHTS UND SEITE 203: Horacio des Loricaria of Siberia, Sibirische Waldkatze Agouti und Weiß, von Micheline Bancarel.

eine breite Stirn auf, hohe Wangenknochen, kleine, gut entwickelte Wangen, große, weit offene und leicht mandelförmige Augen, die weit auseinandergesetzt und leicht schräggestellt sind. Die mittelgroßen Ohren sind breit am Ansatz und gegen die Spitze leicht gerundet, auf dem inneren Ohrrand wachsen hübsche Haarpinsel. Die Ohren sind seitlich angesetzt und in der Ruhe leicht nach vorne geneigt. Das doppelte Fell hat dichte Unterwolle und rauheres, wasserabstoßendes Deckhaar. Im Winter sind die Hosen und die von den Wangen ausgehende Halskrause besonders spektakulär. Alle Fellfarben sind zugelassen, aber diejenigen mit dem »Agouti«-Faktor (Haar, auf dem sich helle und dunkle Zonen abwechseln) werden besonders geschätzt.

Diese Katze ist eine gute Kletterin und Jägerin; zu Hause ist sie ruhig und zurückhaltend. Es scheint, dass sie von den sibirischen Bauern als Wächterin eingesetzt wurde, denn sie knurrt gerne, wenn sich Unbekannte ihr nähern.

Maine Coon

Die Maine Coon ist eine echte Amerikanerin, die ihren Namen ihrem Heimatstaat sowie dem Waschbären (engl. raccoon) verdankt. Einer Legende zufolge soll sie die Frucht einer eigenartigen Liebe zwischen dem kleinen, maskierten Säugetier und in den Wäldern lebenden Katzen sein. In Wirklichkeit ist sie eher das Produkt spontaner Kreuzungen zwischen lokalen kurzhaarigen Bauernhofkatzen, die von den ersten Pionieren eingeführt wurden, und von durch Seeleute aus Neu-England importierten Angoras. Diese Hypothese ist wahrscheinlich, aber nicht bewiesen, und so kann man, wenn man romantisch veranlagt ist, einer weiteren Legende glauben, die erwähnt, dass Marie-Antoinette dem Marquis de La Fayette Angoras schenkte, als er sich für den Unabhängigkeitskrieg einschiffte; als die königlichen Katzen in der Neuen Welt ankamen, sollen sie ihren noblen Ursprung vergessen und sich unter die

Rechts und nächste Doppelseite:
Rexotic Gary, Maine Coon Braun Tabby Gestromt, von Denis Basile.

einheimische Bevölkerung gemischt haben. Wie dem auch sei, die Maine Coon war unter den Pionieren in den Katzensalons Amerikas. In New York wurde sie 1860 ausgestellt, im folgenden Jahr homologiert und 1895 im Madison Square Garden zu einem großen Erfolg. Ihre Beliebtheit nahm Anfang dieses Jahrhunderts mit der Ankunft »exotischer« Katzen wie der Perserkatze oder der Siamese etwas ab, und die Maine Coon musste warten, um den verblichenen Ruhm wieder aufzupolieren, bis sich in den fünfziger Jahren die Züchter wieder für sie interessierten.

Diese mittelgroße bis große Katze ist kräftig und robust gebaut. Ihr Körper sollte langgestreckt sein und kantig wirken. Die Beine sind kräftig und muskulös, gut proportioniert, die Pfoten sind groß und rund, mit Haarbüscheln zwischen den Zehen. Der Kopf ist breit, mit hohen Backenknochen, die Nase mittelbreit, das Kinn im Profil deutlich zu sehen. Die Augen stehen weit auseinander und sind leicht schräg gesetzt; sie dürfen jede Farbe aufweisen. Die hoch angesetzten und weit auseinanderstehenden Ohren sind groß, mit Haarbüscheln versehen und leicht zugespitzt. Der Schwanz ist lang, breit am Ansatz, spitz zulaufend, mit langem, wehenden Fell. Das Fell ist dicht, kürzer am Kopf und an den Schultern, von seidiger Textur und locker fallend, die Unterwolle wird vom längeren, glänzenden und leicht öligen Deckhaar bedeckt. Wie bei der Norwegischen Waldkatze sind alle Farben zugelassen, außer den »Points« der Siamesen in den Farben Chocolate und Lilac.

Rechts und die nächsten zwei Doppelseiten:
Hindi of Kamloof, Maine Coon Schwarz, von Gérard Beroud.

Türkische Katzen

Die ersten türkischen Angoras wurden im 17. Jahrhundert vom Forscher Pietro della Valle nach Italien gebracht. Diese Rasse, die aus einer natürlichen Population aus den Hochebenen des Mittleren Ostens stammt und die den Namen »Angora« der Stadt Ankara verdankt, ist zum Großteil verantwortlich für die Erschaffung der Perserrasse. Sie geriet zu Gunsten von Neuankömmlingen etwas in Vergessenheit und war zu Hause in ihrer Heimat durch natürliche Kreuzungen bedroht, bis sie sozusagen in letzter Minute durch ein dem Zoo von Ankara auferlegtes Zuchtprogramm gerettet und 1959 von einer amerikanischen Züchterin wiederentdeckt wurde.

Die Türkisch Angora ist muskulös, mittelschwer und anmutig und hat lange Beine und kleine runde Pfoten mit Haarbüscheln zwischen den Zehen. Sie hat einen keilförmigen Kopf mit hoch ange-

Rechts und Seite 217: Gaëtan le Fétiche des Loricaria, Türkisch Angora Crème und Weiß, von Micheline Bancarel.

setzten, ziemlich großen, spitzen und behaarten Ohren mit hübschen Haarbüscheln. Ihre Augen sind mandelförmig und leicht schräg eingesetzt, die mittellange Nase hat keinen Stopp. Der Schwanz ist lang und schlank, dicht behaart und wird tief getragen. Das Fell ist seidig und fein, halblang ohne Unterwolle, und beim ausgewachsenen Tier bildet es eine etwas längere Halskrause. Mit ihr sehr eng verwandt ist die Türkische Van, auch »schwimmende Katze« genannt, weil sie das Wasser liebt, auch sie stammt von einer einheimischen Katzenpopulation aus der Gegend des Van-Sees in der Türkei. Dort entdeckten sie englische Züchter in den 60er Jahren. Ihr Körper ist kalkweiß, und sie hat im Gesicht und auf dem Schädel kastanienrote Flecken; auch ihr Schwanz ist kastanienrot und leicht geringt. Die hell bernstein-farbenen Augen sind rosa umrandet; Nasenspiegel, Lippen, Innenohren und Pfotenballen sind zart muschelrosa. Die Züchter bemühen sich, diese Abzeichen zu fixieren, indem sie die Farben diversifizieren.

Oben und rechts: *Goufy de la Belle Blanche of de la Perle d'Antalya, Fany, Hendjyie, Houchka de la Perle d'Antalya, Türkische Angoras, von Herrn und Frau Bernel.*

VORHERGEHENDE DOPPELSEITE UND OBEN:

Gulka de la Lucière und ihr Wurf, Türkische Van, von Maryse Mayoux.

RECHTS:

Hadjan de Capoutan-Lidj, Türkische Van, von Maryse Mayoux.

Ragdoll

Die Ragdoll ist eine große, kräftige Katze mit halblangem Haar; tiefblauen Augen und zum Teil Abzeichen wie die Siamese. Manchmal trägt sie weiße Handschuhe wie die Birma, oder ist »Bicolour«, wenn das Weiß sich auf alle vier Beine, die Brust und das Gesicht ausdehnt, wo es die Form eines umgekehrten Van nimmt. Ihr Name bedeutet »Stoffpuppe«, denn sie ist eine sanfte Riesenpuppe, die sich gern anfassen läßt und die sich so entspannt, wenn man sie hochhebt, dass sie ganz schlaff wird. Diese besonders geschätzte Eigenschaft, die aus der Ragdoll eine besondere Schmusekatze macht, variiert jedoch von einem Tier zum anderen. Bis heute gibt es keine wissenschaftliche Untersuchung, die den Grund dieses Verhaltens erklären würde, und obwohl sie diese Rasse charakterisiert, figuriert diese Eigenschaft nicht im gültigen Rassestandard. Es wird oft behauptet, die ersten Ragdolls stamm-

RECHTS: *Bag-of-Rags Melissa.*
NÄCHSTE DOPPELSEITE: *Pandapaws Eddie, Ragdoll von Vanna Maria Tatti.*

ten von einer Katze, die bei einem Unfall verletzt worden war; die Kätzchen hätten die »Schlappheit« infolge des vorgeburtlichen Traumas ihren Nachkommen vererbt. Das ist unmöglich, denn ein Trauma ist nicht vererbbar. Wahrscheinlicher ist, dass die Ragdoll diese Eigenart von den friedfertigen Persern und der ruhigen Birma geerbt hat, die mit der Siamese zur Zucht dieser Rasse verwendet wurden.

Pandapaws Eddie und Jonathan de Cyanara, Ragdolls, von Vanna Maria Tatti.

HEILIGE BIRMA

Die Birma, von ihren Anhängern gerne »Heilige Birma« genannt, ist eine mittelschwere Katze mit etwas länglichem Körper, starkem Knochenbau, kurzen und kräftigen Beinen. Die Kater sind gedrungener als die Weibchen, sollten aber nicht den kompakten Körperbau der Perser aufweisen. Sie hat einen breiten Kopf mit vollen, runden Backen, einem kräftigen Kinn, einer leicht gewölbten Stirn und eher kleinen, leicht schräg gestellten Ohren. Das seidige Fell ohne viel Unterwolle ist lang auf dem Rücken und an den Seiten, kurz auf den Beinen und im Gesicht. Von den Wangen weg wird es länger und bildet eine üppige Halskrause. Das Fell ist eischalenweiß auf der Brust und am Bauch, von goldenem Beige auf dem Rücken und weist die Abzeichen der Siamesen auf, abgesehen von den charakteristischen weißen »Handschuhen«. Von den Zehen bis hinten zum Fußgelenk ist das Fell rein weiß, an den

RECHTS: Fol Amour. NÄCHSTE DOPPELSEITE: Henessy de la Perle d'Or mit ihrem Kätzchen, Heilige Birmas Seal Point, von Nicole Godier.

Hinterpfoten sollten die Handschuhe im Idealfall hinten einen weißen Stachel bilden. Zu ausgedehnte Handschuhe gelten als Fehler, wie auch seitlich hochgezogenes Weiß. Die Pfoten sollten möglichst gleich gezeichnet sein, aber höhere weiße Abzeichen hinten sind bei paarweiser Symmetrie erlaubt.

OBEN: *Gentiane de la Perle d'Or, Heilige Birma Blue Point, von Frau Nicole Godier.*
RECHTS: *Filibert, Heilige Birma Seal und Blau, von Pascale Richard.*

Vorhergehende Doppelseite:
Hermès de Song-Hio, Heilige Birma Red Point, von Brigitte Rozet.
Oben und rechts:
Hirondelle, Heilige Birma Seal Tortie Point, von Brigitte Rozet.

Balinese

Wie es ihre Färbung zeigt, hatten zu früheren Zeiten Birma, Balinese und Siamese im Fernen Osten wahrscheinlich gemeinsame Ahnen. Aber während die Heilige Birma mit ihren Schneepfoten, ihren kleinen Ohren und ihrem relativ schweren Körper Anfang dieses Jahrhunderts aus Birma zu uns kam, zeigte die Balinese zu Beginn der 40er Jahre spontan ihre Nasenspitze in Würfen gewöhnlicher Siamesen. Ihre züchterische Laufbahn gleicht Haar für Haar derjenigen der Somali, einer mutierten, halblanghaarigen Abessinier. Anfänglich wurde sie ihres »fehlerhaften« Fells wegen von der Zucht ausgeschlossen, doch bald erweckte sie Aufmerksamkeit und bewirkte, dass spezielle Zuchtprogramme sich mit ihr befaßten und bemüht waren, ihr siamesisches Aussehen zu bewahren. Sie trägt übrigens dieselben Abzeichen wie die Siamese.

Rechts: *Pride and Freesia Casa Decano of la Draiecour, Balinesen Blau Tabby und Chocolate Tabby, von Herrn und Frau Ferenczi.*
Nächste Doppelseite: *Alegrias Casa Decano of la Draiecour und ihr Wurf, Balinesen Blau Tabby, von Herrn und Frau Ferenczi.*

Mandarin

Balinese und Mandarin haben denselben Körperbau und sehen auch genau gleich aus wie die in folgenden Kapiteln vorgestellten Orientalen und Siamesen. Während jedoch die Balinese, eine halblanghaarige Siamese, deren längeres Fell in den 70er Jahren »fixiert« wurde, seit ca. zehn Jahren anerkannt wird, arbeiten Züchter immer noch an einer halblanghaarigen Orientalen.

Die dem erwünschten Standard entsprechenden Tiere werden Mandarine genannt. Man kreuzt sie mit Balinesen für den »Langhaarfaktor«, mit Orientalen für die Farbe, ja sogar mit Siamesen, zum großen Leidwesen der Puristen. Diesen Paarungen entspringen meist gemischte Würfe, in denen sowohl Balinesen, Mandarine wie Überraschungskätzchen vorkommen. Diese »Varianten«, die weder dem Standard der einen noch der anderen Katze entsprechen, erhalten trotzdem eine gültige Abstammungsurkunde. Sie

Rechts und die nächsten zwei Doppelseiten: *Gatz'Arts de la Draiecour, Mandarin Lilac Tabby Getigert, von Herrn und Frau Ferenczi.*

sind Träger von potentiell nützlichen Genen für die Schaffung einer neuen Rasse und stellen ein gültiges Transitstadium dar; wenn sie auch nicht ausgestellt werden können, so werden sie doch zur Zucht verwendet. Die echten Mandarine werden eines Tages zahlreich genug sein,

um systematisch untereinander gepaart zu werden, ohne dass sie Gefahr laufen, allzu eng miteinander verwandt zu sein. Die aus diesen Paarungen geborenen Kätzchen werden, mit wenigen Ausnahmen, alle Mandarine sein.

Siamesen und Orientalen

SIAMESEN UND ORIENTALEN

Beide Katzen sind elegant und erinnern im Profil ein wenig an den »rosaroten Panther«, für den sie vielleicht Modell gestanden haben. Siamesen und Orientalen haben dieselbe Körperform, werden aber wegen ihrer Farbe in zwei Gruppen unterteilt.

Zuerst zu den Augen: diejenigen der Orientalen sind unweigerlich so grün wie diejenigen der Siamesen blau. Dann zur Fellfarbe: bei den Orientalen ist die Farbe gleichmäßig über den ganzen Körper verteilt, während die Siamese die charakteristischen Abzeichen, »Points« genannt, auf der Maske, den Pfoten, den Ohren und dem Schwanz aufweist.

Siamese und Orientale sind mittelgroße Katzen, geschmeidig und gut, aber nicht übertrieben bemuskelt, mit langem, feinen Körper und ebensolchen Beinen und kleinen ovalen Pfoten. Ihr Schwanz ist sehr lang, fein und spitz zulaufend, ihr

VORHERGEHENDE SEITE: Amadeus of the Sweet Cats, Siamese Blau, von Jacqueline Pierre.
RECHTS: Zissi of Tontuta, Siamese Chocolate Point, von Jean-Louis Nicolet.

Hals schlank mit einem keilförmigen Kopf, der sich von der Nase an geradlinig erweitert (der Keil wird noch durch die großen, spitzen und an der Basis breiten Ohren verlängert). Die »pinch« genannten »hohlen Wangen« gelten als Fehler. Im Profil verlängert die lange gerade Nase die leicht gewölbte Stirn ohne jeglichen Stopp. Die mandelförmigen Augen sind leicht schräg eingesetzt, in perfekter Harmonie mit den Dreiecken der Nase, des Kopfes und der Ohren.

Ein kurzer Blick in alte Katzenzeitschriften zeigt uns, dass die Siamese der 70er Jahre weniger »spitzig« war, weniger geometrisch als die heutige, was nur beweist, dass auch das Aussehen der Katzen eine Modefrage ist und dass die Ästhetik bei der züchterischen Arbeit eine wichtige Rolle spielt.

RECHTS: *Zissi of Tontuta, Siamese Chocolate Point, von Jean-Louis Nicolet.*

OBEN UND RECHTS: *Gengis Khan du Domaine Sacré, Siamese Weiß, von Christiane Merckx.*

OBEN UND RECHTS: *Amadeus of the Sweet Cats und Hugo de la Pergola, Siamesen Seal Point, von Jacqueline Pierre.*

Hugo de la Pergola

Amadeus of the Sweet Cats

Oben: Rokon of Off, Siamese Lilac Point, von Jacky Letourneau.
Rechts: Farouk de la Rouvière, Siamese Chocolate Tabby, von Louis Coste.

OBEN UND RECHTS: *H'Isis du Domaine Sacré, Siamese Seal Schildpatt-Tabby von Christiane Merckx.*

OBEN UND RECHTS: *Enki de l'Île des Ravageurs, Orientale Braun Tabby Getupft, von Liliane Lesongeur.*

OBEN UND RECHTS: *Gaodi de la Rouvière, Orientale Lilac, von Louis Coste.*

Oben: Gavroche de la Clère, Orientale Chocolate, gennant »Havana«, von Patrick Geslot.

Rechts: Hermès de la Malvoisine, Orientale Schwarz, von Alain Gilman.

OBEN, RECHTS UND NÄCHSTE DOPPELSEITE: *Gavroche de la Clère, Orientale Chocolate, genannt »Havana«, von Patrick Geslot.*

CONCEPT

OBEN UND RECHTS: *Fifty-Fifty de Sophisticats, Orientale Bicolour Schwarz/Weiß, von Chantal Dornat.*

OBEN UND RECHTS: *Fifty-Fifty de Sophisticats, Orientale Bicolour Schwarz/Weiß, von Chantal Dornat, und Hillou des Albatres, Orientale Crème Tabby, von Élisabeth Contet.*

OBEN UND RECHTS: *Dandy de la Romandière, Orientale Blau Tabby, von Élisabeth Contet.*

OBEN UND RECHTS: *Dandy de la Romandière, Orientale Blau Tabby, und Harald des Albatres, Orientale Rot Tabby.*
NÄCHSTE DOPPELSEITE:
Harald des Albatres, Orientale Rot Tabby, von Élisabeth Contet.

Perser und Exotisch Kurzhaar

Perser und Exotisch Kurzhaar

Perser und Exotisch Kurzhaar haben denselben Körperbau, dieselbe Farbenvielfalt. In beiden Fällen müssen Augen, Nasenspiegel und Pfotenballen gewissen Kriterien genügen, um mit der Fellfarbe zu harmonieren. Nur die Haarart unterscheidet sie, die Perser haben ein langes, seidiges Fell und eine dichte, auf Brust und Schulter fallende Halskrause; die Exotisch Kurzhaar ist im Grunde genommen ein kurzhaariger Perser mit ebenso dichtem Fell und einem Körper, der leicht länger ist als jener der Britisch Kurzhaar.

Beide sind groß oder mittelgroß, haben einen gedrungenen Körper, eine breite Brust, einen muskulösen Rücken und ebensolche Schultern. Die kräftigen und kurzen Beine enden in dicken runden Pfoten, die vorzugsweise Haarbüschel zwischen den Zehen aufweisen. Der beim Perser üppig behaarte und ebenfalls kurze Schwanz sollte jedoch im Verhältnis zur

VORHERGEHENDE SEITE: *Grain de Sable des Embruns, Perser Crème, von Frau Bernadette Haule.*
RECHTS: *Gaspard de la Roizonne, Perser Rot, von Élisabeth Kassis.*

Körpergröße bleiben. Der breite runde Kopf mit großen, runden und klaren Augen verleiht diesen Katzen ein mondgesichtiges Aussehen. Die tief angesetzten und weit auseinanderstehenden Ohren sind klein, leicht gerundet und mit hübschen Haarbüscheln versehen. Die kleine und kurze Nase sollte nicht aufgeworfen sein, aber genau zwischen den Augen einen Stopp aufweisen. Die gewölbte Stirn, die gut entwickelten Backen und das kräftige Kinn sind weitere Merkmale dieser Katzen, deren Äußeres allgemein mit »Dichte« beschrieben werden kann. Nehmen wir zur Kenntnis, dass zwar der Ursprung schwarzer oder weißer, »Perser« genannte Langhaarkatzen bis ins 16. Jahrhundert zurückverfolgt werden kann; dies ist aber nicht der Fall für unsere heutigen Perser mit den fantastischen Farben, die seit dem vergangenen Jahrhundert von Züchtern aus Europa und Übersee je nach Moderichtung unter Einhaltung mehr oder minder strikter Zuchtkriterien entwickelt wurden.

RECHTS: Geisha de la Lumière cendrée, Perser Golden Schattiert, von Herrn und Frau Bonnin.

OBEN: Gaïa und Geisha de la Lumière cendrée,
Perser Golden Schattiert, von Herrn und Frau Bonnin.
RECHTS: Lilian Buissant des Amorie, Chinchillaperser, von Herrn und Frau Bonnin.

LINKS: *Garfield del Adène, Perser Rot Tabby, von Danielle Espiau.*
OBEN: *Sweet Mary dell'Ariette du Shah-Li,*
Perser Braun Tabby Schwarz, von Christiane Paillard.

OBEN UND RECHTS: *Hermione de la Brakelière, Perser Van Blau/Weiß/Crème, von Caroline Bonafos.*

LINKS: *Full-Ozass du clos de Bagneux, Perser, von Marie-José Tirard.*
OBEN: *Colombine de la Brakelière,*
Perser Bicolour Schwarz/Weiß, von Yvette Framinet.

H'Ormacif und Full-Ozass du clos de Bagneux, Perser, von Marie-José Tirard.

Stardust dell'Ariette du Shah-Li, Perser Schildpatt, von Christiane Paillard.

VORHERGEHENDE DOPPELSEITE:
LINKS: *Colombine de la Brakelière, Perser Bicolour Schwarz/Weiß, von Yvette Framinet.*
RECHTS: *Geisha de la Brakelière, Perser Harlekin Schildpatt und Weiß, von Nicolas Georgeault.*

LINKS: *Hercule de la Brakelière, Perser Van Schwarz/Weiß, von Catherine Fromal.*
OBEN UND NÄCHSTE DOPPELSEITE: *Gina de la Brakelière, Perser Blau/Weiß/Crème, von Sylviane Bourgois.*

OBEN: Hercule de la Brakelière, Perser Van Schwarz/Weiß, von Catherine Fromal.
RECHTS: Fedora de la Brakelière, Perser Schildpatt und Weiß, von Sylviane Bourgois.

OBEN UND LINKS: *Harmonie de l'Arc-en-Ciel, Perser Van Rot/Weiß, von Catherine Fromal.*

OBEN UND RECHTS: *Gamila de la Villouyère, genannt Cannelle, Perser Silber Schildpatt-Tabby, von Françoise Vigneron.*

OBEN UND LINKS: *Eurydice Tresor de Bast, Perser Colourpoint, von Dominique Guérinaud.*

VORHERGEHENDE ZWEI DOPPELSEITEN: *Hermès de la Salamandre d'Or, Perser Colourpoint Red Point, von Robert Lubrano.*

OBEN UND RECHTS:
Houpette et Geisha de la Charmeraie, Perser Weiß, von Lysiane Chavallard.

OBEN UND RECHTS: *Full-Ozass du clos de Bagneux, Perser Cameo Rot Schattiert, von Frau Marie-José Tirard.*

OBEN UND LINKS: *Follow Me Ice Cube, Perser Colourpoint Red Point, von Jean-Yves Ramel.*

OBEN: *Gigi du Chah Name, Perser Schwarz, von Élisabeth Kassis.*

RECHTS: *Grain de Sable des Embruns, Perser Crème, von Bernadette Haule.*

VORHERGEHENDE DOPPELSEITE:
De Gazeau's Gicolin, Perser Schildpatt Smoke, von Brigitte Pottier.

OBEN UND RECHTS: *Élodée Magique des Lys Blancs, Perser Schildpatt Silber Tabby Gestromt, von Christian Marechal und Joëlle Riche.*

VORHERGEHENDE DOPPELSEITE UND RECHTS: *Fall River des Lys Blancs, Perser Black Silber Tabby Getigert, von Christian Maréchal und Joëlle Riche.*

OBEN: *De Gazeau's Gicolin, Perser Schildpatt Smoke, von Brigitte Pottier.*

OBEN UND RECHTS: *Daddy des Pujols of Royal Lys, Perser Blau Silber Tabby Gestromt, von Marie-France Dendauw.*

OBEN UND RECHTS: *Doum-Doum du Pré du Curé, Perser Blau/Crème, von Nicole Richefort-Tsango.*

OBEN UND NÄCHSTE DOPPELSEITE:
Grain de Sable des Embruns, Perser Crème, von Bernadette Haule.

RECHTS: *Geisha de la Lumière cendrée, Perser Golden Schattiert, von Herrn und Frau Bonnin.*

OBEN UND RECHTS: *Guizmo de Pomone, Perser Colourpoint, von Jean-Yves Ramel.*

NÄCHSTE DOPPELSEITE: *Hursonne de Gremichka, Perser Schwarz Smoke, von Jeanine Perdriol.*

OBEN UND RECHTS:
Hursonne de Gremichka, Perser Schwarz Smoke, von Jeanine Perdriol.

OBEN UND RECHTS:
Génaro de la Ronceraie Desravine, Blauperser, von Gérard Beroud.

OBEN: *Foggy des Haudières, Blauperser, von Catherine Fromal, fotografiert mit Herrn und Frau Jocquel.*

RECHTS: *Génaro de la Ronceraie Desravine, Blauperser, von Gérard Beroud.*

OBEN UND RECHTS: *Trust of New World's Way Good-Love, Exotisch Kurzhaar Schildpatt Silber Tabby Gestromt, von Herrn und Frau Sfez-Zon.*

Vorhergehende und nächste Doppelseite, oben und rechts:
Phalaenopsis Émile Victor, Exotisch Kurzhaar Rot Tabby,
von Christelle Ponthieu und Claudine Naels.

OBEN UND RECHTS: *Tasha Isatis of Follow Me, Exotisch Kurzhaar Blue Point, und Hilary Tom Pouce Follow Me, Exotisch Kurzhaar Crème Point, von Régis Machin.*

OBEN UND RECHTS: *Hilary Tom Pouce Follow Me, Exotisch Kurzhaar Crème Point, von Régis Machin*

OBEN UND LINKS: *Tasha Isatis of Follow Me, Exotisch Kurzhaar Blue Point, von Régis Machin.*